BEI GRIN MACHT SICH IHR WISSEN BEZAHLT

AF173410

- Wir veröffentlichen Ihre Hausarbeit, Bachelor- und Masterarbeit

- Ihr eigenes eBook und Buch - weltweit in allen wichtigen Shops

- Verdienen Sie an jedem Verkauf

Jetzt bei www.GRIN.com hochladen und kostenlos publizieren

GRIN

Patrick Schuller

Würfel und Würfelnetze

GRIN Verlag

Bibliografische Information der Deutschen Nationalbibliothek:

Die Deutsche Bibliothek verzeichnet diese Publikation in der Deutschen National-
bibliografie; detaillierte bibliografische Daten sind im Internet über http://dnb.d-
nb.de/ abrufbar.

Impressum:

Copyright © 2010 GRIN Verlag, Open Publishing GmbH
Druck und Bindung: Books on Demand GmbH, Norderstedt Germany
ISBN: 978-3-640-98415-2

GRIN - Your knowledge has value

Der GRIN Verlag publiziert seit 1998 wissenschaftliche Arbeiten von Studenten, Hochschullehrern und anderen Akademikern als eBook und gedrucktes Buch. Die Verlagswebsite www.grin.com ist die ideale Plattform zur Veröffentlichung von Hausarbeiten, Abschlussarbeiten, wissenschaftlichen Aufsätzen, Dissertationen und Fachbüchern.

Besuchen Sie uns im Internet:

http://www.grin.com/

http://www.facebook.com/grincom

http://www.twitter.com/grin_com

Ausführlicher Unterrichtsentwurf zum Thema

Würfel – Würfelnetze

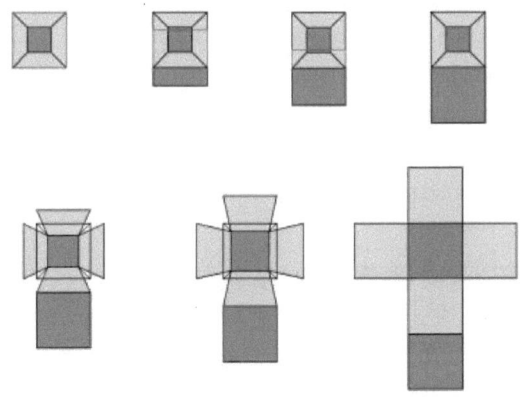

Name:	XXX
Schule:	GHRS XXX
Klasse:	4c
Fach:	Mathematik
Mentorin:	XXX
Datum:	02.12.2010, 9.05 - 9.50 Uhr

Inhaltsverzeichnis

1 Bedingungsanalyse

1.1 Die Schule

Die XXX ist eine Grund-, Haupt- und Realschule mit derzeit 551 Schülern. Das Einzugsgebiet für die Grundschule umfasst größtenteils die Ortschaft XXX, wobei Schüler von der Hauptschule auch aus den umliegenden Ortschaften XXX und XXX sowie Schüler von der Realschule auch aus den Orten XXX, XXX, XXX und XXX diese Schule besuchen.

Die Lage auf der Schwäbischen Alb, mit einer Entfernung von etwa 20 km zur Stadt XXX, kann als ländlich und ruhig bezeichnet werden.

Die Grundschule setzt sich aus fünf Klassen mit insgesamt 116 Schülern zusammen, was einem Durchschnitt von 23,2 Kindern pro Klasse entspricht.

Räumlich besteht die Schule aus mehreren Gebäuden, in denen die verschiedenen Schularten untergebracht sind. Im Gebäude B2, in dem die Klasse 4c unterrichtet wird, befinden sich vier Klassenzimmer, eine Küche sowie Lehrer- bzw. Schülertoiletten.

Der Klassenraum der Klasse 4c ist groß genug, sodass trotz drei Gruppentischen und vier Einzeltischen ein Sitzkreis im hinteren Bereich des Zimmers eingerichtet werden kann. Des Weiteren befindet sich vor dem Klassenzimmer ein Gruppentisch, an dem gearbeitet werden kann.

1.2 Zur Situation der Klasse

Die jetzige 4c wurde zu Beginn des dritten Schuljahres aus zwei verschiedenen jahrgangsgemischten Klassen gebildet. Die Kollegin, die die dritte Klasse übernommen hatte, war im vergangenen Schuljahr häufig krank, sodass sich die Klasse nur schwer zusammen finden konnte. Viele Schüler und Schülerinnen sind mit dem ständigen Lehrerwechsel nur schwer zurecht gekommen. Erst im letzten Drittel des vergangenen Schuljahres gab es eine verlässliche Vertretung und die Klasse begann damit, eine Klassengemeinschaft zu entwickeln.

Die 4. Klasse besuchen zurzeit 21 Kinder, 10 Jungs und 11 Mädchen. Eine Schülerin hat die Klasse erst letzte Woche aufgrund eines Wohnortwechsels verlassen.

Allgemein ist die Klasse, bedingt durch einige exzentrische Kinder, eine sehr lebhafte und mitunter laute Gemeinschaft. Vorteilhaft ist dies in gewissen Phasen, in denen Mitarbeit und Tatendrang gefordert werden. Von Nachteil ist dies wiederum in stillen Perioden und Sitzkreisen, in denen sich häufig schon nach wenigen Minuten die Aufmerksamkeit eher auf den Sitznachbarn, als auf den thematischen Gegenstand konzentriert. Dennoch muss der Sitzkreis als eine methodische Form des Unterrichtseinstiegs weiterhin geübt und verbessert werden.

Auch in anschließenden Partner- bzw. Gruppenarbeitsphasen setzt sich die Lebhaftigkeit der Schüler häufig weiter fort, was zu einem gewissen Lautstärkepegel führt, der in der Regel jedoch in einem akzeptablen Rahmen bleibt.

Drei Schüler dieser Klasse sitzen an Einzeltischen, da sie in einer Gruppe oftmals Schwierigkeiten haben, sich zu konzentrieren und sich sehr schnell von ihren Mitschülern ablenken lassen.

Besonders hervorzuheben ist, dass drei Kinder in der Klasse an ADHS (lt. ärztlicher Diagnose) leiden, zwei davon leben mit Beruhigungsmitteln.

Zwei weitere Schüler leben aufgrund problematischer Familienverhältnisse in Pflegefamilien.

Eine Schülerin ist vor etwas mehr als zwei Jahren von Polen nach Deutschland gekommen und beherrscht die deutsche Sprache nur bruchstückhaft, was sich oftmals in Schwierigkeiten des Aufgabenverständnisses äußert. Mathematik jedoch fällt ihr größtenteils nicht besonders schwer. Darüber hinaus ist diese Schülerin stark sehbehindert, wogegen im Moment, mangels Elternmitarbeit, nichts unternommen werden kann.

2 Sachanalyse

Ein geometrischer Körper ist ein begrenzter Teil des Raumes. Die Begrenzung wird von Flächen gebildet, die konvex oder konkav sein können.[1] Einen konvexen Körper, der allseitig von ebenen Flächen begrenzt ist, nennt man Polyeder oder platonischer Körper.

Ein platonischer Körper ist dabei von regelmäßigen, untereinander kongruenten Vielecken begrenzt, in deren Ecken jeweils gleich viele Kanten zusammenstoßen.[2] Es gibt insgesamt fünf verschiedene platonische Körper – den Tetraeder, Hexaeder, Oktaeder, Dodekaeder und den Ikosaeder.

Für die vorliegende Stunde ist der Hexaeder – auch Würfel oder Kubus genannt – als Objekt herausgegriffen worden.

2.1 Der Würfel

Der Würfel wird von sechs Quadraten begrenzt und weist zwölf Kanten und acht Ecken auf. Die Kanten sind gleich lang, an jeder Kante stoßen zwei Flächen aneinander, an jeder Kante liegen zwei Ecken. Jede quadratische Fläche steht im rechten Winkel zur angrenzenden Fläche und je drei Kanten treffen sich rechtwinklig in einer Ecke.

2.2 Das Würfelnetz

Unter einem Körpernetz versteht man eine zweidimensionale Figur, in der Flächen so verbunden sind, dass daraus ein dreidimensionaler Körper gefaltet werden kann.

Ein Würfelnetz entsteht, indem man einen Würfel so aufschneidet, dass die sechs Quadrate des Würfels eine zusammenhängende Fläche bilden. Wichtig dabei ist, dass der Körper nicht beliebig aufgeschnitten wird und somit in Einzelteile zerfallen kann.

---

[1] Vgl. Schule 2002. S. 125
[2] Vgl. Meyers großes Taschenlexikon, Band 17, S. 158

Insgesamt können elf Würfelnetze hergestellt werden, die durch Drehung oder Spiegelung nicht kongruent sind.[3]

- Es gibt sechs Würfelnetze, bei denen vier Quadrate in einer Reihe liegen.
- Bei vier Würfelnetzen befinden sich drei Quadrate in einer Reihe.
- Bei einem Würfelnetz befinden sich höchstens zwei Quadrate in einer Reihe.

Die elf Würfelnetze sehen folgendermaßen aus:

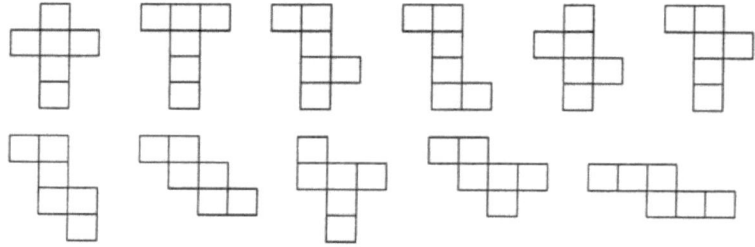

Je weniger Quadrate in einer Reihe angeordnet sind, desto komplexer wird die Struktur des Würfelnetzes. Sowohl das Finden als auch das Zusammenklappen dieser Netze in einen Würfel – handelnd oder in der Vorstellung – ist deutlich anspruchsvoller, als bei den Würfelnetzen der ersten Kategorie.

---

[3] vgl. Radatz und Rickmeyer: Handbuch für den Geometrieunterricht an Grundschulen. S. 56

3 Didaktische Analyse

3.1 Bildungsplanbezug

Das Stundenthema „Würfel – Würfelnetze" ist im neuen Bildungsplan 2004 der Grundschule im Wesentlichen in die „3. Leitidee: Raum und Ebene"[4] integriert. Im Rahmen dieser Leitidee stehen besonders folgende Kompetenzen im Vordergrund:

- Aufgaben und Probleme mit räumlichen Bezügen konkret und in der Vorstellung lösen
- ausgewählte geometrische Körper nach Vorlage bauen, [...][5]

Einen besonderen Fokus wird in dieser Stunde auf die Bildungsplaninhalte Würfel bzw. Würfelnetze gelegt.

3.2 Bedeutung des Themas für die Schüler

Der geometrische Körper Würfel begegnet den Schülern in ihrer Umwelt sowohl unbewusst, beispielsweise als Verpackungen, als auch bewusst als Bauklötze oder Spielwürfel in vielfältiger Form. Darin eingeschlossen ist die Umwelt als dreidimensionaler Raum, die selbst immer geometrisches Denken und Tun verlangt. Dies muss den Schülern jedoch erst noch bewusst gemacht werden.

Den Begriff des Würfels können sich die Schüler gut merken, da er ihnen von diversen Brett- und Würfelspielen bekannt ist.

Durch den angestrebten selbständigen Umgang mit dem Bau eines Würfelnetzes wird das räumliche Vorstellungsvermögen geschult, das die Kinder sowohl im Alltag, als auch in den weiterführenden Schulen und in vielen Berufen benötigen.

Die Würfelnetze selbst stellen eine Verbindung zwischen Ebene und Raum her, wenn sie zu einem dreidimensionalen Würfel geklappt werden. Auch dies unterstützt das räumliche Denken.

---

[4] Bildungsplan 2004 GS, S. 61
[5] Bildungsplan 2004 GS, S. 61

7

3.3 Einbettung der Stunde in die Unterrichtseinheit

DATUM	STUNDENINHALT
26.11.10	Klassenarbeit
29.11.10	Besprechung Klassenarbeit
30.11.10	Wahrnehmung
02.12.10	**Würfel – Würfelnetze**
03.12.10	Kippfolgen des Spielwürfels
06.12.10	Geoburgen
07.12.10	Körperformen und Fachbegriffe
09.12.10	Körpernetze der dreidimensionalen Figuren

3.4 Vorkenntnisse der Schüler

Die Schüler sollten bereits in der 3. Klasse geometrische Körper (Würfel, Quader, Kugel, Zylinder, Pyramide) kennen gelernt haben. Durch einen Lehrerwechsel während des Schuljahres ist es jedoch möglich, dass geometrische Themen nur am Rande behandelt wurden und somit kaum Vorerfahrungen diesbezüglich vorhanden sind. Dennoch sollte den Kindern speziell der Würfel als Gegenstand aus ihrem Alltag (Spielwürfel) bekannt sein.

Diese Unterrichtssequenz ist die erste Einheit zum Thema Geometrie, wobei in der Einführungsstunde einige Wahrnehmungsübungen mit perspektivischem Denken im Vordergrund stehen. So werden mit Steckwürfel verschiedene Figuren gebaut, die dann zu einem Würfel ergänzt werden sollen. Anhand des Würfels werden die Begriffe Ecke, Kante und Fläche wiederholt und gefestigt.

3.5 Didaktische Reduktion

Aus der Vielzahl an dreidimensionalen Körpern wird der Würfel herausgegriffen, da er den Kindern sowohl in ihrem Alltag als auch als geometrische Figur in der Mathematik bekannt ist. Als Repräsentanten werden einzelne Würfel ausgelegt, die sich in Merkmalen wie Größe und Farbe unterscheiden. Nach einer kurzen Wiederholung der relevanten Kriterien eines Würfels, wird ein Würfelnetz präsentiert.

Anhand eines „falschen" Würfelnetzes sollen die Kinder versuchen, selbst möglichst viele Würfelnetze zu finden und diese auf Arbeitsblätter zu zeichnen. Da eine rein kognitive Auseinandersetzung mit der Baubarkeit eines Würfels aus einem Netz zu schwierig wäre, bekommen die Kinder so genannte Geo-Clix als Anschauungshilfe zur Hand. Mithilfe dieser Steck-Quadrate sollen die Kinder einen Würfel handelnd in sein Netz zerlegen bzw. einen Würfel aus einem bestehenden Netz klappen.

Dadurch, dass die Lerngruppe ihre Modelle selbst prüfen soll, wird das Problem transparent und erfahrbar. Die Zusammenhänge zwischen den 11 Möglichkeiten beim Erstellen von Würfelnetzen können hier nur knapp angerissen werden, da dies zu weit führen würde und mit der Intention, nämlich Schulung räumlicher Vorstellungskraft, wenig zu tun hätte.

3.6 Unterrichtsziele

Abgeleitet aus den Kompetenzen im Bildungsplan 2004 ergeben sich folgende Unterrichtsziele:

Die Schülerinnen und Schüler

- können durch eigenständiges Ausprobieren verschiedene Würfelnetze entdecken und dadurch den Zusammenhang zwischen Netz und Würfel handelnd erfahren.
- machen weitere Erfahrungen mit (Würfel-)netzen und verbessern dadurch ihre räumliche Vorstellungskraft.

9

4 Methodische Analyse

4.1 Einstieg

Die Stunde beginnt mit einem stummen Impuls. Dafür werden die Kinder im Stuhlkreis versammelt, sodass jedes Kind die ausliegenden Materialien gut sehen kann. Auf diese Weise habe ich auch die Möglichkeit, während des Gesprächs auf jeden einzelnen Schüler einzugehen, da ich jedes Kind gut im Blick habe. Als erster Impuls dienen unterschiedlich aussehende Würfel. Die Schüler sollen herausarbeiten, um welchen Körper es sich bei dem Gezeigten handelt und die Eigenschaften eines Würfels nennen.

Als zweiter Impuls werden einige Würfel umgeklappt, sodass sie als Netz zu sehen sind. Dazu wird ein weiteres Würfelnetz gelegt, das sich nicht zu einem Würfel falten lässt. Die Schüler sollen Vermutungen äußern, ob aus diesen Netzen ein Würfel gebaut werden kann und ihre Vermutungen überprüfen, indem sie versuchen, diese zusammenzufalten. Sie werden dabei feststellen, dass bei einem Netz ein Quadrat fehlt bzw. an einer Stelle zu viel ist.

Die Kinder werden hier in allgemeinen mathematischen Kompetenzen gefördert. Das Gespräch über Würfel und Würfelnetz unterstützt sowohl problemlösendes Denken (Kann ich aus dem Netz einen Würfel bauen?) als auch logisches Argumentieren (Warum lässt sich aus dem Netz kein Würfel zusammensetzen?). An dieser Stelle sollen die Schüler argumentieren, dass man ein oder mehrere Quadrate umstecken müsste, um aus dem vorliegenden Netz ein Würfelnetz zu machen. Die Betrachtung und der Umgang mit dem Material dient dazu, jedem Kind bewusst zu machen, wie aus einem Würfel ein Würfelnetz entstehen kann. Ausgehend davon können sie von einer Problemstellung (falsches Würfelnetz) in die Erarbeitung gehen.

4.2 Erarbeitung

Um herauszufinden, ob und welche Möglichkeiten es gibt, ein Würfelnetz zu erstellen und wie diese aussehen, erhält nun jeder Schüler für die Erarbeitungsphase sechs Quadrate des Geo-Clix. Mit Hilfe dieses Materials können die Kinder handlungsorientiert – basierend auf Fehler und Irrtum, aber auch durch systematisches Ausprobieren – experimentieren und feststellen, wie aus einem Würfel ein Würfelnetz entsteht. In diesem Zusammenhang sind die bestehenden Unterschiede in der Klasse zu beachten. So haben einige Kinder Schwierigkeiten, sich ein dreidimensionales Modell eines Würfels als Abwicklung oder Netz vorzustellen. Das Raumdenken anderer Kinder wiederum ist so gut ausgeprägt, dass sie vom Netz aus sofort schließen können, ob sich ein Würfel formen lässt oder nicht.

Die Phase der Erarbeitung findet in Einzelarbeit statt. Dies soll gewährleisten, dass jedes Kind tatsächlich mit dem Material arbeitet und sich nicht, wie es in Partner- oder Gruppenarbeit möglich wäre, zurückzieht und die Lösung der Aufgabenstellung einem leistungsstärkeren Kind überlässt.

Dennoch wird es sicherlich nicht ausbleiben, dass jeder Schüler einmal bei dem Tischnachbarn schaut, wie dieser vorangeht. Dies soll auch gar nicht ausgeschlossen werden – die Kinder kommunizieren dadurch über ihre Ideen und können so auch wichtige Anregungen für das eigene Arbeiten erhalten.

Sobald ein Schüler zu der Überzeugung gelangt ist, tatsächlich ein Würfelnetz gefunden zu haben, soll dieses von ihm auf einem vorgefertigten Arbeitsblatt eingezeichnet werden. Ich habe dabei die Variante des vorgefertigten Arbeitsblattes gewählt, da freies Zeichnen von Würfelnetzen noch nicht geübt wurde und dies auch nicht im Fokus dieser Unterrichtsstunde steht. Das Ende der Einzelarbeit wird durch ein akustisches Signal (Klingel) angekündigt.

4.3 Vertiefung

Da die Verständigung über Lösungsvorschläge und Rechenstrategien mehrstufig erfolgen sollte, gehen die Kinder zur Vertiefung ihrer Ergebnisse anschließend in die Gruppenarbeit. Für diese Arbeit erhalten sie eine kurze Anweisung, mit deren Hilfe sie dann die Ergebnisse besprechen können. Dabei sollen sie möglichst auch herausfinden, ob sie dieselben (deckungsgleiche) Würfelnetze gefunden haben, diese „aussortieren", um so in der folgenden Vorstellung im Plenum jedes Netz nur einmal an die Tafel zu hängen.

Durch die Kommunikation und das Argumentieren der Schüler untereinander wird auch soziales Lernen ermöglicht und gefördert.

4.4 Ergebnissicherung

Als Abschluss der Unterrichtsstunde sollen die Ergebnisse aus Einzel- und Gruppenarbeit zusammengefasst werden, indem die einzelnen Gruppen sie an der Tafel im Plenum vorstellen.

Wie bereits angedeutet, kann es im Rahmen der Ergebnissammlung vorkommen, dass aus den verschiedenen Gruppen deckungsgleiche Netze präsentiert werden. Sollte die Zeit ausreichen, werde ich darauf hinweisen. Da jedoch zunächst möglichst viele Gruppen ihre Ergebnisse vorstellen sollen, kann dies auch auf die nächste Stunde verschoben werden.

Ein Ziel dieser Unterrichtsstunde ist es, die Schüler nicht nur in allgemeinen, sondern auch in inhaltsbezogenen mathematischen Kompetenzen zu fördern. Sie erhalten die Möglichkeit, ihr räumliches Vorstellungsvermögen enaktiv und durch anschauliches Material auszubauen. Dabei setzen sie zwei- und dreidimensionale Darstellungen von Körpern zueinander in Beziehung, erkennen geometrische Figuren, benennen sie und stellen diese dar. Außerdem fertigen sie Zeichnungen mit Hilfsmitteln an.

5 Verlaufsplanung

Klasse: 4c	Thema: Würfel – Würfelnetze		Fach Mathematik Mentorin: XXX Lehrer: XXX

Ziele und Kompetenzen:
- SuS können durch eigenständiges Ausprobieren verschiedene Würfelnetze entdecken und dadurch den Zusammenhang zwischen Netz und Würfel handelnd erfahren.
- SuS machen weitere Erfahrungen mit (Würfel-)netzen und verbessern dadurch ihre räumliche Vorstellungskraft.

Zeit:	Inhaltliche Gliederung:	Didaktischer / Methodischer Hinweis:	Sozialform:	Material:
9.05 Uhr	**Begrüßung** - der Kinder + Besuch			
9.07 Uhr	**Einstieg** - 1. Stummer Impuls: Verschiedene Würfel	Mögliche Fragen: - Wie heißt der Körper? - Welche Eigenschaften besitzt der Würfel?	Sitzkreis	Würfel, Netze
	- 2. Stummer Impuls: Würfelnetze + „falsches" Netz	- Kann ich aus dem Netz einen Würfel bauen? - Warum lässt sich aus dem Netz kein Würfel bauen?		
	→ Leitfrage: Gibt es verschiedene Möglichkeiten ein Würfelnetz herzustellen und wie sehen diese aus?	*Arbeitsauftrag + Hinweis auf Zeichnung!*		
9.17 Uhr	**Erarbeitung** - selbst Würfelnetze entdecken + zeichnen		EA	Geo-Clix, Zeichenblätter
9.32 Uhr	**Vertiefung** - Würfelnetze in der Gruppe sammeln	Hinweis: Doppelte Netze aussortieren (Spiegeln, Drehen)	GA	
9.42 Uhr	**Ergebnissicherung** - Netze an der Tafel sammeln		Plenum	Magnete
9.50 Uhr	**Stundenende**			

6 Literatur

Ministerium für Kultus, Jugend und Sport Baden Württemberg (Hrsg.): Bildungsplan 2004 Grundschule

Varnhorn, B.; Braun, A.: Bertelsmann. Jugendlexikon. Wissen Media Verlag GmbH, Gütersloh/München. 2008

Schule 2002. Grundstock des Wissens für die Sekundarstufen 1 und 2. Serges Medien GmbH, Köln und Oldenburg. 2001

Hengartner, E. (Hrsg.): Mit Kindern lernen. Standorte und Denkwege im Mathematikunterricht. Klett und Balmer Verlag, Zug. 1999

Radatz und Rickmeyer: Handbuch für den Geometrieunterricht an Grundschulen. Schroedel Verlag, Hannover 1991.

7 Anhang

Zeichne hier Dein Würfelnetz auf!
Jede Seite soll 5 cm lang sein!

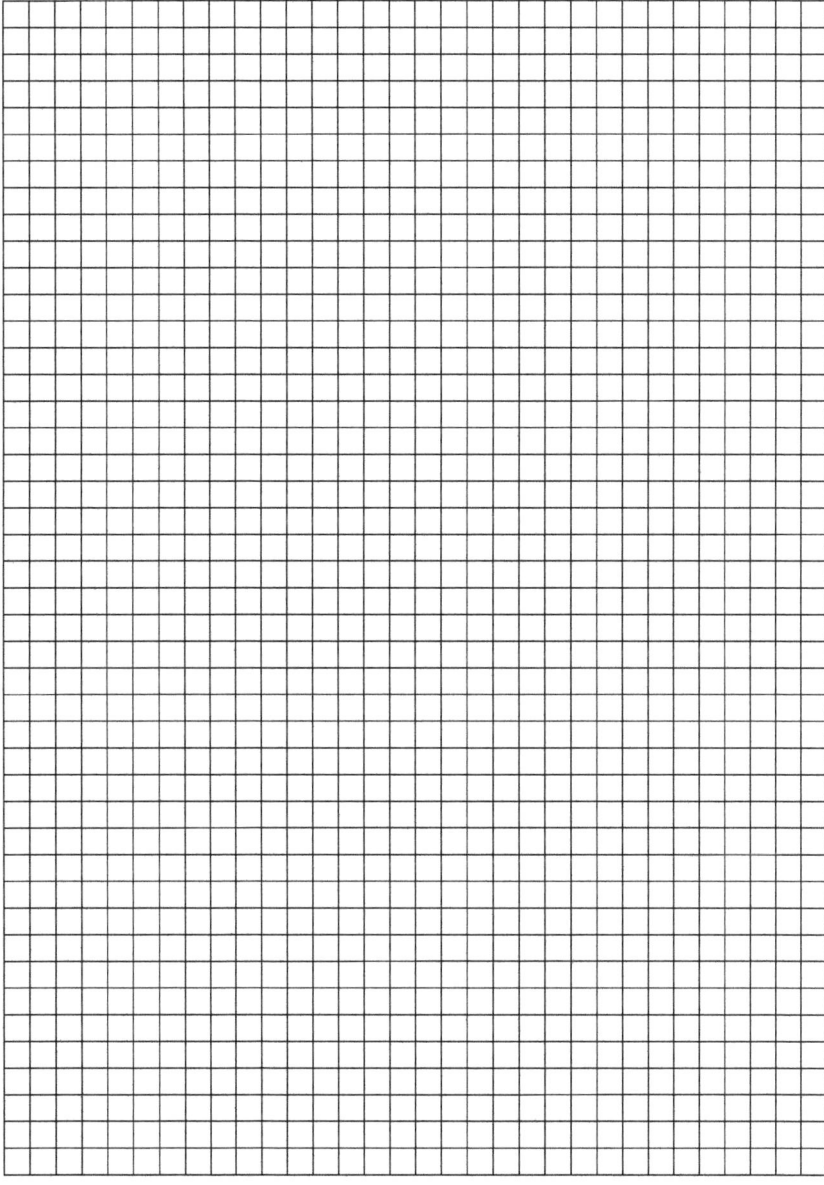

Zeichne hier Dein Würfelnetz auf!
Jede Seite soll 5 cm lang sein!

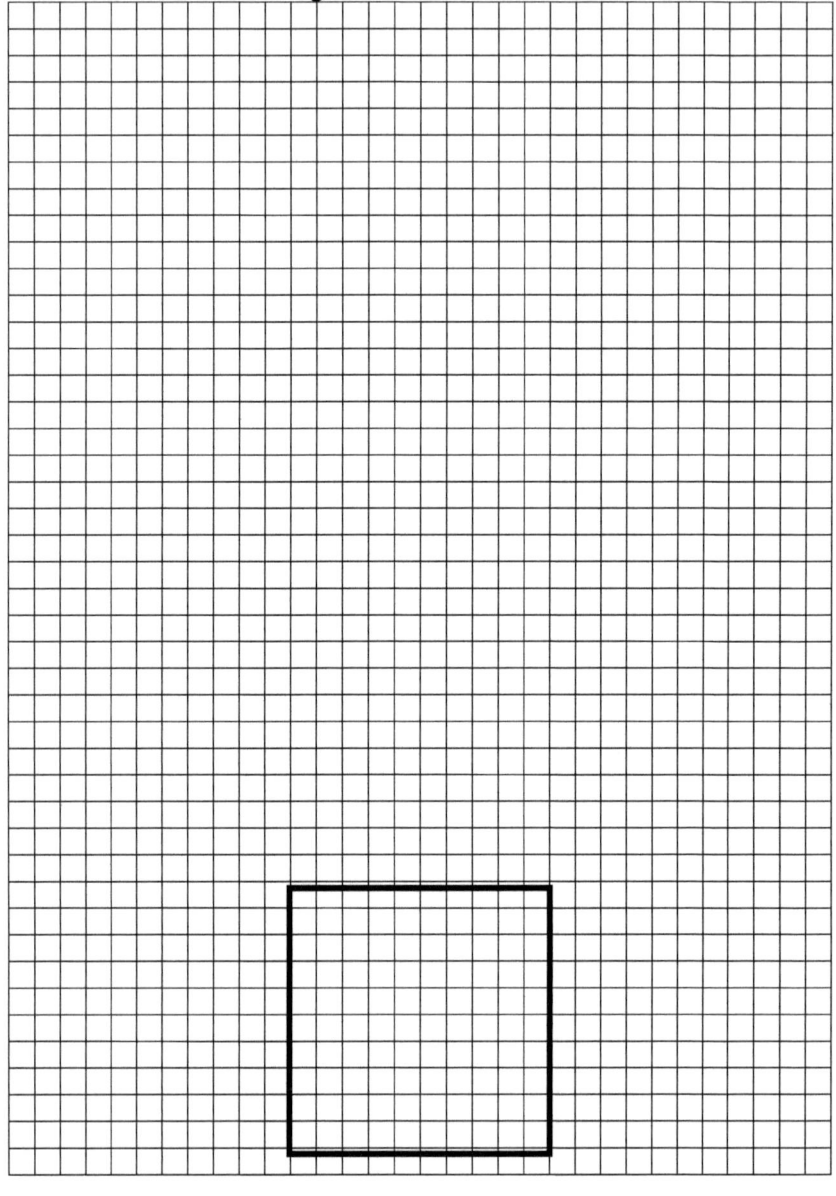

Zeichne hier Dein Würfelnetz auf!
Jede Seite soll 5 cm lang sein!